Pourquoi coupe t-on les arbres?

我们为什么要砍树

[法] 安娜–索菲·伯曼　著
[法] 查理·杜德特尔　绘
陈威　译

广西科学技术出版社

图书在版编目（CIP）数据

我们为什么要砍树 / (法) 安娜-索菲・伯曼著；(法) 查理・杜德特尔绘；陈威译. —南宁：广西科学技术出版社, 2023.8
（哇！科学好简单）
ISBN 978-7-5551-1960-9

Ⅰ. ①我… Ⅱ. ①安… ②查… ③陈… Ⅲ. ①木材－少儿读物 Ⅳ. ①S781-49

中国国家版本馆CIP数据核字(2023)第095651号

WOMEN WEISHENME YAO KAN SHU
我们为什么要砍树
［法］安娜-索菲・伯曼 著 ［法］查理・杜德特尔 绘 陈威 译

责任编辑：蒋 伟 王滟明 邓 颖　　封面设计：于 是
责任校对：张思雯　　责任印制：高定军
版权编辑：尹维娜

出 版 人：梁 志　　出版发行：广西科学技术出版社
社　　址：广西南宁市东葛路66号　　邮政编码：530023
电　　话：010-65136068-800（北京）　　传　　真：0771-5845600（南宁）

经　　销：全国各地新华书店
印　　刷：雅迪云印（天津）科技有限公司
地　　址：天津市宁河区现代产业区健捷路5号
开　　本：850mm×1000mm　1/16
字　　数：100千字　　印　　张：3
版　　次：2023年8月第1版　　印　　次：2023年8月第1次印刷
书　　号：ISBN 978-7-5551-1960-9
定　　价：30.00元

目录

4 ... 无处不在的木制品
6 ... 木材是怎么来的
8 ... 树木在哪儿生长，我们怎样种树
10 ... 为什么要悉心照顾森林
12 ... 如何砍伐树木
14 ... 参观锯木厂
16 ... 一棵树的一生
18 ... 树干的变身
20 ... 用什么来搭房顶
24 ... 世界木材大观
26 ... 谁来生产家具
30 ... 木制玩具
32 ... 如何造纸
34 ... 这个大家伙是什么
36 ... 如何制作笔记本
38 ... 木制品一览
42 ... 木头可以作为能源吗
44 ... 木材魔法
46 ... 从史前到现代
48 ... 信不信由你

无处不在的木制品

有一天，我无意中在报纸上看见一句话："世界上的森林正在持续被破坏。" 这到底指的是什么？是指所有的森林都在遭受破坏吗？砍伐树木是不是在破坏森林？我想弄清楚这些事：人们为什么要砍伐树木呢？木材都有哪些用途？我们的周围又有哪些东西是用木材做的？ 让我们带着这些问题，开始调查，并行动起来吧！

房梁
相框
mon oncle
橱柜
木柴
地板

木材是怎么来的

首先，我们需要弄清楚什么是木材。它是从哪儿来的呢？你们一定会想到它来源于树木。为了弄明白木材是如何形成的，我们要先了解树木的基本知识。现在就跟着我们一起到森林里去找护林员了解情况吧！

采访护林员

你知道吗

树木是有生命周期的：它们的一生经历着出生、成长、繁衍、衰老并最终死亡的过程。

树木是如何生长的？

森林就像是一个村庄，里面住着许多的家庭，比如有水青冈、栎树、云杉、松树等。一些树木长着宽大的叶子，我们称之为“阔叶树”，其中很多每到秋天会落叶；另一些树的针状叶则往往会连续几年都留在树枝上不掉落，我们称之为“针叶树”。所有的树种都在森林里慢慢长大。

这些圆圈都代表着什么呢？

这是树生长的标志。每圈年轮都代表着树在一年里长出来的一层新木。想知道这棵树的年纪，就让我们来数数它的年轮吧！

水青冈的一生

1 最初，种子从树上掉落，被掩埋在潮湿的土里。

2 春天到了，种子在地上落叶的保护下慢慢发芽。它的根扎在土里，尽情吸收着水分和养料，为种子的发育提供养分。

3 嫩叶慢慢长出来了。

4 从春天到秋天，小树慢慢长大。树上的新芽长成了新的枝条。

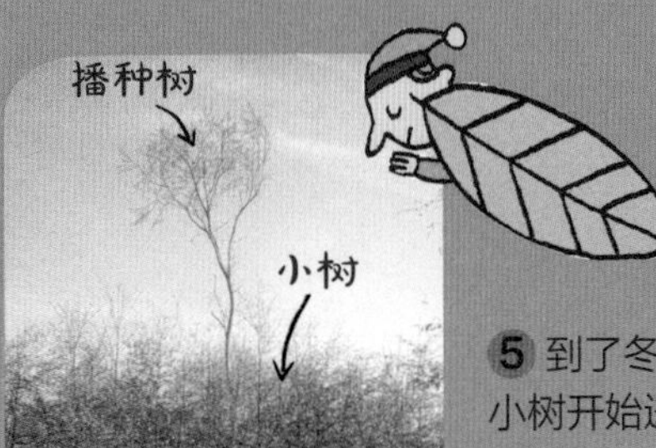

5 到了冬天，小树开始进入休眠期。

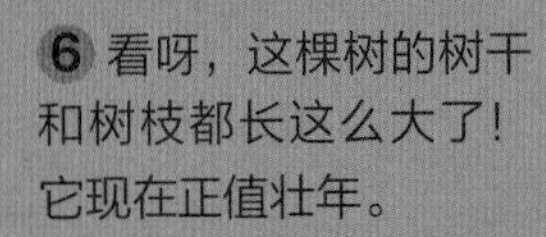

6 看呀，这棵树的树干和树枝都长这么大了！它现在正值壮年。

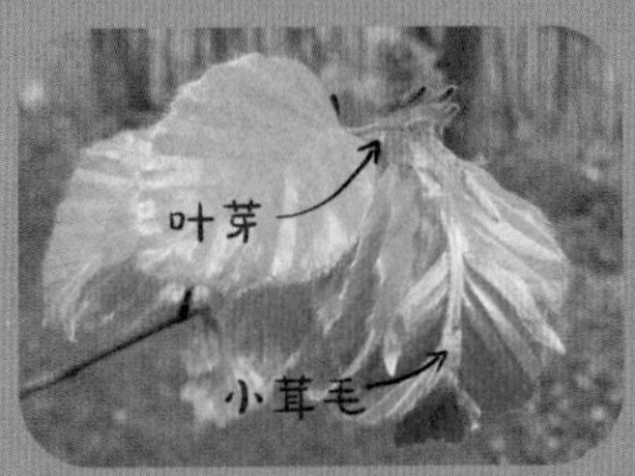

7 在阳光的照射下，树叶获得了能量，同时为树木的生存和新生枝叶的生长提供养分。这就是光合作用。

9 大树死了。没有了大树的遮挡，阳光更容易照射到小树上。这样，一段新的征程又要开始了！

8 树的年纪大了，光合作用已经大不如前，它变得脆弱，越来越难抵抗害虫和有害微生物的入侵了。

树木在哪儿生长，我们怎样种树

你一定很想知道，人们是怎样得到他们需要的木材的。这些被加工的树木一开始生长在哪儿？是在路边、公园里、小树丛中，还是森林里？就请护林员和我们一起揭开其中的奥秘吧！

采访护林员

➔那些我们平时看到的被砍伐的树，都生长在哪里呢？

它们和其他树一起生长在森林或者小树林里。形态、习性不同的树属于不同树种。

➔这些树会被其他树取代吗？

大多数时候会的。有两种方式：第一种叫作自然再生，树木会自然繁衍；第二种叫作人工再生，也就是先在苗圃里培育小树苗，然后再把它们移植到栽种的地方。

➔人们会在什么时候砍掉一棵树呢？

当一棵树妨碍其他树木生长或对人们构成威胁，或者是变老或生病的时候，我们可以把它砍掉。绝大多数时候是人们认为树已经成材，可以使用了，才把它砍掉。

➔成熟，就是收获吧！像水果一样？

是的。当树木生长到15—250岁时（根据不同的树种），它们的树干就可以使用了。

1 种子

种子一点点地冒出嫩芽，土壤为它们供给水分和养分。

2 幼苗

树苗慢慢长大，发育不良的小苗逐渐死去，活下来的都是茁壮的幼苗哟！

3

小树们长得很密，它们相互争夺空间和阳光。为了让小树更好地生长，护林员会不时地修剪它们的枝叶。我们称之为“定型修剪”。

4 青年树

有时，为了不让多余的枝杈在树干上留下痕迹，护林员会忍痛把它们修剪掉。我们称之为“修枝”。

9 最后，护林员会伐掉所有变老的树木。

8 当然，护林员不会砍掉所有的树木，留下来的树将继续撒下种子，种子又会慢慢地发芽长大。

7 树林里的树已经成材，几乎不再生长，收获的季节到了。

树木*的循环利用

年复一年，护林员们精心照顾着森林，所以森林才能一直为人类所使用。

6 乔木林

现在，一片年轻的树林形成了，这里的树木都是高个子。为了让它们更好地生长，更通风透光，护林员还要伐掉一些树，我们称其为“疏伐”。

5 为了让小树更茁壮地生长，护林员会将一些发育欠佳的树木砍掉。

*以阔叶林为例

这是什么

看看，这是一片人工培养的杨树林，所有的树都整齐地排着队。它们都一样大，将来也会被一起砍伐。还有很多树都可以被人工培育，比如松树和冷杉。

这又是什么

这是一片不规则的树林，里面生长着各种各样不同年龄的树木。其中有很多枝叶茂盛的树，为了树木的新老更替，护林员会定期把这里的一些老树清理掉。

为什么要悉心照顾森林

人们格外细心地照顾森林，是因为森林不仅提供了我们需要的木材，还为我们提供了散步休闲和劳作的场所。砍伐树木之后，我们都要再进行播种或者重新栽种小树哟！

采访森林专家

森林归谁所有呢？

一般来说，森林属于负责照顾它的集体或个人，它可能属于国家、市政府或个人。在法国，约 70% 的森林归个人所有。在俄罗斯，几乎所有的森林都归属国家，由国家统一来管理。

地球上有正在毁灭边缘的森林吗？

有的！为了生存，人们还在不断使用木材，用它们来取暖或烹调食物。有时候，为了种植粮食或者建造道路，人们会砍掉一大片树林；同样，放牧也会破坏植被。当人们在树林中划出一小片地来开垦时，这片地上的树就被砍掉了，树桩被拔除、烧掉。就这样，原本广袤的森林慢慢消失了。

我们为什么要保护森林？

首先，因为森林里生活着众多的动植物；其次，森林参与水循环，还具有调节气候的作用；最后，森林还能吸收并储存空气中的二氧化碳，而过多的二氧化碳对人体可是有害的！你们知道吗？森林和海洋浮游植物一样，都能够为我们提供氧气。所以，保护森林真的非常重要！

大家要牢记在林中散步的注意事项

- √ 不要生火
- √ 不要食用野果
- √ 不要打扰林中动物
- √ 不要踩到植物
- √ 不要攀折树枝
- √ 记得把垃圾带走，扔进垃圾桶

一起来看一看，这些垃圾需要多少年才能降解？

一个玻璃瓶需要约 100 万年

塑料瓶需要约 100 年

易拉罐需要约 100 年

塑料糖纸需要约 5 年

这些垃圾会污染环境，甚至使动植物死亡！所以这些垃圾必须运到垃圾处理场统一处置。

你知道吗

一场火灾在几个小时内就可能彻底毁掉一片森林，而生成新的森林却需要数十年的时间。有些树木可以帮助抵御火灾，例如欧洲栓皮栎。

三种主要的森林类型

针叶林

分布在寒、温带或高山上，这一类森林基本由针叶树组成，例如云杉、松树及冷杉。

针叶阔叶混交林

分布在温带，这种类型的森林中既有阔叶类树木，如水青冈、栎树，又有针叶类，如云杉。

阔叶林

有温带落叶阔叶林、亚热带常绿阔叶林和热带雨林等。热带雨林高温潮湿，里面的植物终年生长着。

如何砍伐树木

如果你和我一起漫步在森林中，一定会被一种蜜蜂般的嗡嗡声所吸引。这是切割机发出的声音吗？是正在伐树吗？那么，伐木工在哪儿呢？循声望去，果然有 3 位伐木工朋友在工作。下面，就请他们来讲讲树木是如何被砍伐的吧！

①首先，护林员要对即将被砍伐的树进行测量。看，他正在用专用圆规和计算器来估算树木的体积。

②护林员用斧子在树干和树的底部砍下一块树皮。

③护林员姓名的首字母会被刻在树上，作为记号。这就是林业上所说的打标记。

④有时，树干上会留下一个彩色标记，标志着这棵树即将被砍伐，或者被留下来！

⑤伐木工看懂护林员做的记号后，就从底部开始锯树啦。

⑥伐木工从另一侧锯树。树倒下来了，小心呀！

⑦伐木工砍下树枝，并把它们堆起来。

你知道吗

被砍掉的树能像壁虎的尾巴一样重新长出来

有时，阔叶树可以从砍伐剩下的树墩上直接重新生长，但最常见的情况还是种子从土地里发芽，慢慢长成大树。

8 接下来，装运工人使用专用牵引机抬起带树皮的原木，并把它们堆放到路的两侧。

9 原木都被装上卡车后，就向锯木厂出发了。

10 最后，只剩下那些做过标记的树桩，树已经被运走了。

参观锯木厂

下面跟着我一起到锯木厂一探究竟吧！傍晚，锯木厂的高楼被夕阳的余晖笼罩着，空气中散发着松香的味道……锯木的声音可真大呀！

1 运输工人把原木从卡车上卸下来。

2 原木被放到传送带上转动，树皮被两个金属辊子剥下来，木材露出来了。看到了吗，就像这样！

3 去皮后的原木被电锯处理成厚木板。

5 木板被分拣。

6 接下来，在库房里，木板根据长度被分类。

7 此时的木板仍然含有较多水分，还是潮湿的。大量木板被码成堆，放在通风处晾干。

你知道吗

过去人们怎样锯木头呢

电锯发明以前，人们手工锯木头，后来又利用水力来带动锯条工作，直到电力发动机横空出世！

4 厚木板两侧残留着树皮的地方被锯掉，这部分被称为板皮。

8 卡车上装满了干燥、整齐的木板。现在要出发去给客户送货啦！

这是什么

这是在树干里找到的一些金属。有钉子，还有两次世界大战（第一次世界大战：1914—1918 年；第二次世界大战：1939—1945 年）留下来的炮弹碎片！当原木经过切割机时，这些金属会被探测出来，避免损坏锯片。

这又是什么

这是锯末和木屑哟！当木材从锯木厂运出来时，就已经被分成了两部分：一部分成了木板，另一部分变成了锯末和木屑。这些木屑将被卖给造纸商和家具木屑板（又称颗粒板）制造商。

一棵树的一生

想知道被锯好的木材都有哪些用途吗？

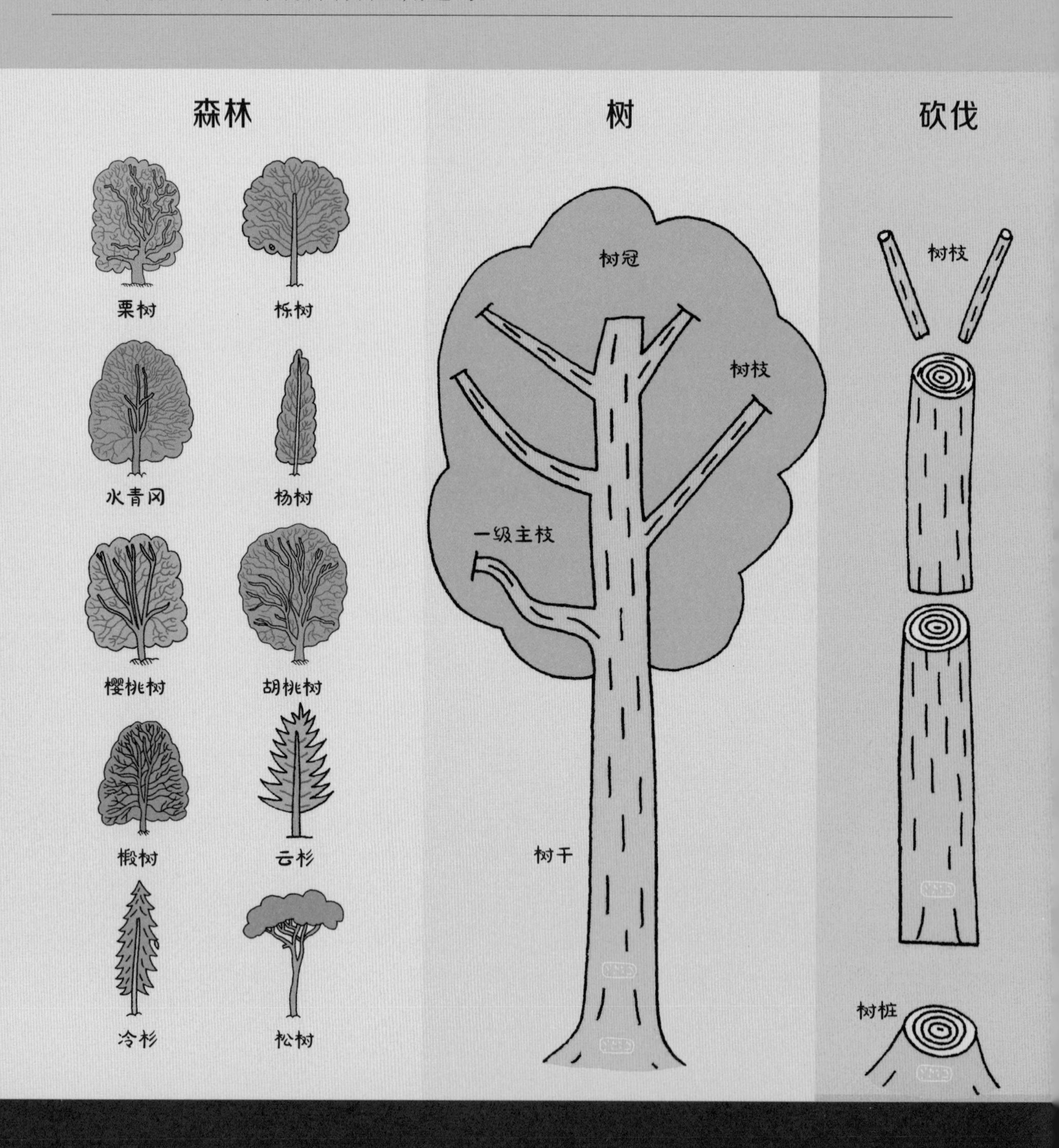

树的全身都是宝

木炭

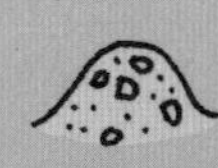
颗粒燃料

薪柴

报纸
纸盒
纸张

家具

门窗

屋架

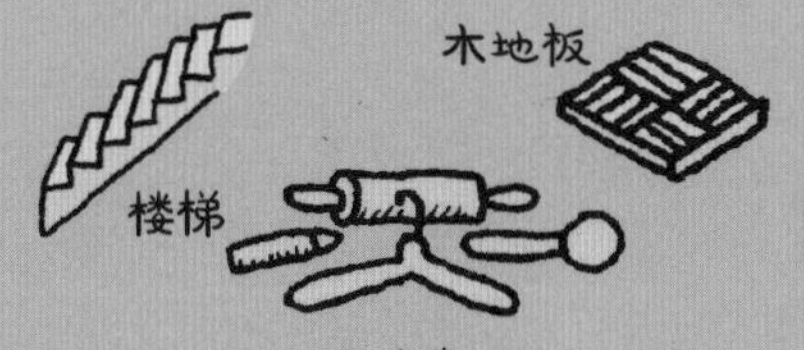

木头制品

包装盒

家具

树干的变身

你们一定和我一样，以为桌子是由锯好的实木板组装而成的吧！事情并非如此，实际上还有许多其他类型的木板，让我们一起去了解一下吧！

实木板

→树干可以被锯成厚厚的木板，也就是实木板。

一般来说，针叶树都会被锯成厚木板，就像你们之前在锯木厂看到的那样。而如果是阔叶树的话，我们会把锯开的木板依据树干的形状绑在一起，就像这样。

薄木片

→原来，树干也可以像火腿一样被切得很薄，称为薄木片。

原木在水蒸气的作用下变软，接下来人们会用一把长刀把它切断。这些薄木片会被家具制造商、木匠用来装饰桌椅等。

旋切木

→原来，树干也可以像削铅笔一样被切割！这样我们就能够得到旋切木。

原木在水蒸气的作用下变软，接下来它朝着固定的金属片方向旋转，就像在一个巨大的转笔刀里一样。

薄木板被反向叠放在一起，接下来还要在高温下被挤压定型。

如此我们就得到了非常坚固的胶合板，要比实木便宜很多哟！

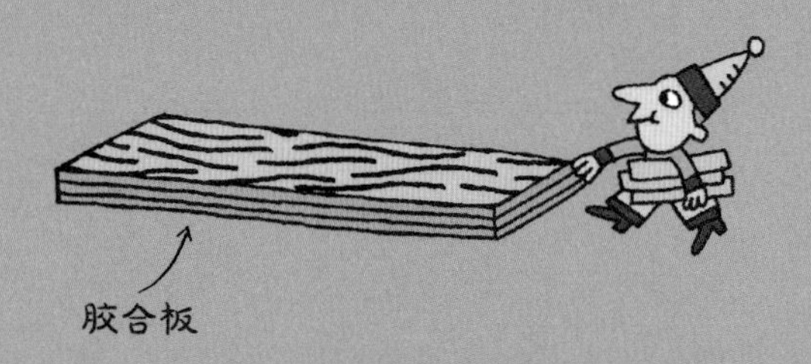

颗粒板

→有时，人们会把树干磨成碎末来做木板。

疏伐得到的木材、回收的废弃底托板，以及锯木厂的剩木料，都可以用来生产木屑。

在木颗粒中加入胶，搅匀成木浆，然后把木浆一层层倒在传送带上。这个“木蛋糕”接下来会被挤压定型、加热、冷却，然后就变成了颗粒板！这种板材很容易切割。为了让它看起来更漂亮，人们会再给它包上一层仿木纸皮。

你们不妨仔细观察一下自己的桌子，看看它们是不是颗粒板材质的，表面还覆盖着一层仿木纸皮！

你知道吗

为什么木板会发出嘎吱声呢

实木板里含有一定水分。实木对气温的变化十分敏感。热胀冷缩时，实木板之间的连接点会被牵动，此时我们就会听到实木板发出的嘎吱声。

用什么来搭房顶

让我们一起前往一个正在修复的谷仓吧，看看那里发生了什么！路途中你们就能看到身上系着绳子的工人，他们在室外往木框架上安装长木条。这些木条可以用来搭房顶吗？带着问题一起向工地出发吧！

来到谷仓

工人们正在做什么？

原来，盖屋顶的工人正在给谷仓的屋顶架搭木条，然后还要贴上瓦片。

屋架是由他们建的吗？

不是的，是专门的屋架工人建的，在村口新建的房子那里就有一位。

如何搭房子

1 在加工车间，屋架工人准备着搭建屋架所需的所有梁木。要知道，这些梁木要承担楼板、家具和屋顶瓦片的全部重量呢！

2 人们使用一种小型吊架来安装屋架的各个部分，这种小型吊架被称为“三角起重架”。

3 接下来的步骤是安装梁木，屋架开始慢慢成形了。

4 屋架建好了，只剩下装板条和贴瓦片两项工作了。

5 快看，屋顶瓦片已经贴好了。木工装上了门和窗户。地板工人也在楼板上装好了地板。房子可以住啦！

你知道吗

原来，造船工人也会使用很多长木条，长木条来源于栎树或者冷杉等。木条会在高温下弯曲变形，然后被用来制造船体。

世界木材大观

让我们一起去一家木材专营店继续调查吧！一推门，浓重而潮湿的树叶味儿弥漫在空气中。这家店铺的老板是保罗，我们跟随保罗四处看看吧！

闻

接下来闻一闻木头的味道怎么样。这块香香的木头是雪松木，非常好闻！这块闻起来有茴香味的是樟木。这块刚锯好的是沙比利木，它散发着胡椒味，会让你打喷嚏的！而这块闻起来有点像猫咪小便味道的就是榆木啦。

观察

这些装饰薄木的颜色真的很漂亮！浅灰褐色、亮黑色、金黄色、红色，甚至是紫色！原来有这么多的颜色！你们看到各种各样的款式了吗？有条纹的、波浪形的、火焰状的、云状的。

珍贵木材保护

《华盛顿公约》中明确指出必须保护某些珍贵树种，例如巴西黑黄檀被禁止进行国际性贸易。

谁来生产家具

为了弄清楚这个问题，我们可以通过一位家具制造商来了解情况。皮埃尔是一位木匠，他既会修复那些古老的家具，也会做新的，而且通常都是一些很贵重的家具。接下来，我们一起去参观他的工作间，并请他来为我们讲解制作家具的过程吧！

加工木材的工具

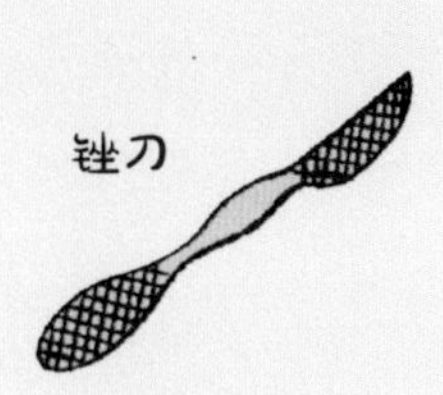

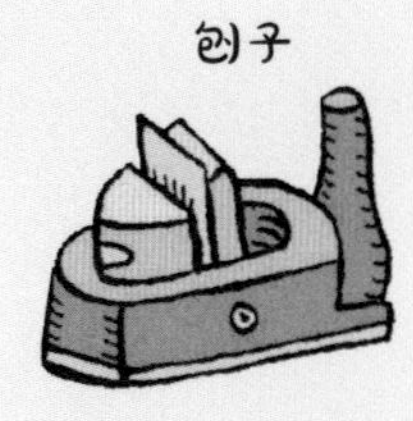

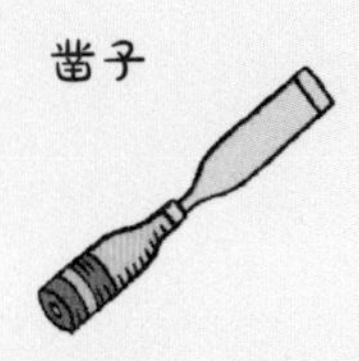

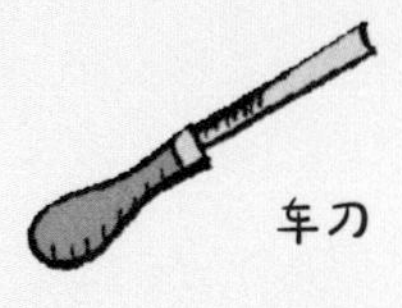

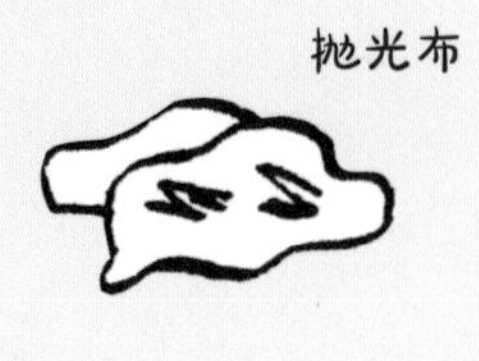

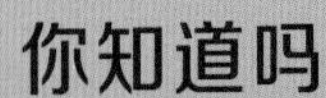

你知道吗

商场里出售的家具是如何制造的

这些家具的制作步骤和皮埃尔制作家具的步骤几乎是一样的，区别在于它们使用的木材没那么昂贵。这些家具是在工厂里由机器大批量生产的。有些家具可以由客户自己组装。

参观家具大师皮埃尔的工作间

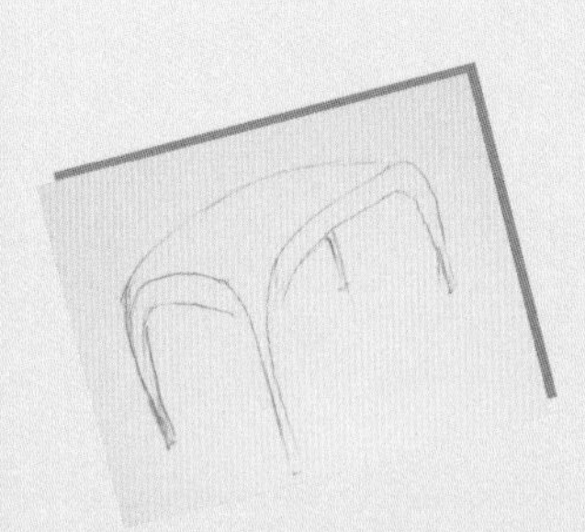

❶ 我已经画好了一幅草图，大小是与实物等比例的，而且要画出家具的所有零部件。

❷ 接下来，我选好了木材，是非常坚固的椴木。我要在刨床上把木板刨平。

❸ 我在每一块木板上都画出零件的轮廓，然后用带锯把它们切割开。

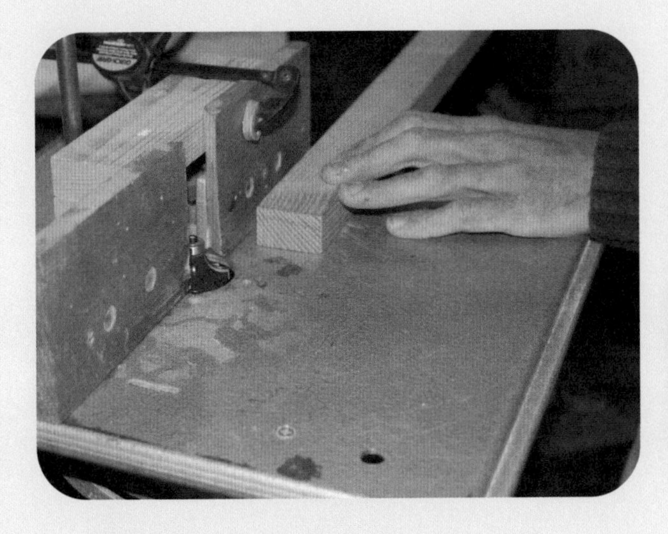

4 接下来，我用木铣床来雕饰这些零件。木铣床转得很快，使用的时候要让零件慢慢地靠近它才行。

5 我做好了榫头和榫眼，以便每个零件都能完美地嵌合在一起。

6 我要确认所有的零件都能正确地拼接在一起，然后我就开始组装。

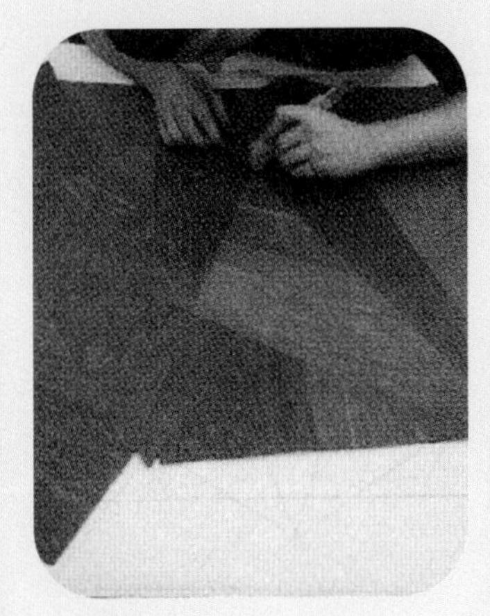

7 接下来，我在桌子表面贴上珍贵的薄木片。

8 最后我又做了抛光和上蜡处理。看，这就是我做的桌子，你觉得怎么样?

木制玩具

一起来看看这个玩跳绳的小姑娘。你们有没有发现，她手中跳绳的把手是木头做的？木头被加工成了圆形，做成了玩具。为了更好地了解这些玩具是怎么做的，我们去生产跳绳的工厂看看吧！

跳绳的生产

❶ 首先要备好小方块状的水青冈木。

方木块

❷ 接下来，方木块被放进一个机器里，切成需要的形状。

多米诺骨牌的制作

水青冈木也可以用来制造像多米诺骨牌一类的小玩具。

1 先把木头切割成长方形。

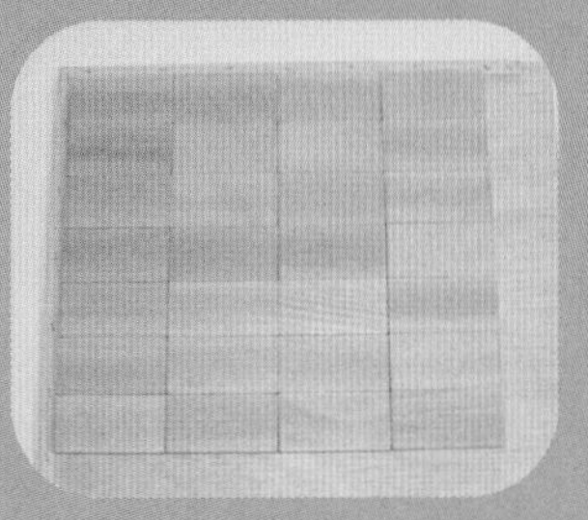

2 这些木块都很光滑，紧紧地排在一起。

3 接下来用印刷机在它们表面印上黑点。

4 等到晾干了，多米诺骨牌就做好啦！

3 这些木零件被钉在杆上，然后放在彩色漆盒里，涂上颜色。

4 接下来把它们晾干，再涂上漆。

你知道吗

车削

要制作圆形的木制品，手工艺人会把木头固定在车床上，让它高速旋转，然后用车刀来切削加工，这就叫车削。现在机器已经可以自动完成这项工作了。

5 最后把它们从杆上取下并且钻孔。可以在上面画一些小图案，然后再把绳子连接好，跳绳就做好啦！

如何造纸

你们一定知道纸也可以是用木头做的，那么怎么把木头变成纸张呢？接下来，我们跟着一位造纸商去造纸厂参观吧。

原来，木头是由三部分组成的：纤维素、木质素和水。造纸的时候一般只需要纤维素，这是因为木质素会使纸张发黄而且易碎。

1 砍伐剩下的木头、修剪掉的树枝、锯木厂的边角料等都可以作为造纸的原料。

2 把粗木棍去掉树皮，切割成小块的碎木。

3 碎木被进一步加工成木屑。在碎木屑中加入氢氧化钠和硫化钠，经过高温蒸煮后，纤维素纤维与木质素纤维分离开，然后用水洗涤。

4 纤维素纤维可以在氢氧化钠和过氧化氢等漂白剂的多次作用下被漂白，这整个蒸煮、洗涤、漂白的过程叫化学制浆。

5 为了得到洁白的纸张，需要在纸浆中加入漂白剂。如果想得到彩色纸张，就要再加入染料。

纸张的历史

1 在自然界中，一些胡蜂会用唾液混合植物纤维形成浆液，并且利用这种浆液来做蜂窝壁。

2 公元前 200 年左右，中国已经出现了麻纤维纸。公元105 年，蔡伦发明的用树皮、麻头、破布、旧渔网为原料的纸张制作工艺在民间推广。

3 据史籍记载，公元751 年唐安西节度使高仙芝率军与大食（阿拉伯帝国）军队交战，唐军大败，有一部分唐军士兵被俘，其中有造纸工人。他们不得不把造纸术传给了阿拉伯人。

4 12 世纪，阿拉伯人又把造纸术传到了欧洲，造纸术在欧洲流行了起来。

5 15 世纪中叶，在人们还在用羊皮纸书写的时代，谷登堡就发明了第一台金属活字印刷机。从此，机械印刷时代开始啦！

6 人们开始用破麻布作为原料来制作纸浆。在磨坊里，原料被放在注满水的槽里，人们使用重重的木槌和轧辊来把原料碾碎。

7 19 世纪，一位造纸工人想出了一个好主意，他用木头代替了碎布料。人们发现了木材是由纤维素和木质素等组成的，并掌握了去除木质素，得到纤维素纤维的方法。从此，造纸术进入化学制浆的时代。

8 造纸机运行得越来越快，它能制造的纸张也越来越长！化学剂不仅能够分离木质素，还能漂白纸张。

这个大家伙是什么

这个巨大的机器几乎占满了造纸厂的厂房。原来这就是造纸的机器，它可是会发出巨大的噪声哟！所以，造纸厂的工人们会戴上防噪声耳罩来保护耳朵。下面，就请造纸工人来讲解一下这个机器是如何工作的吧！

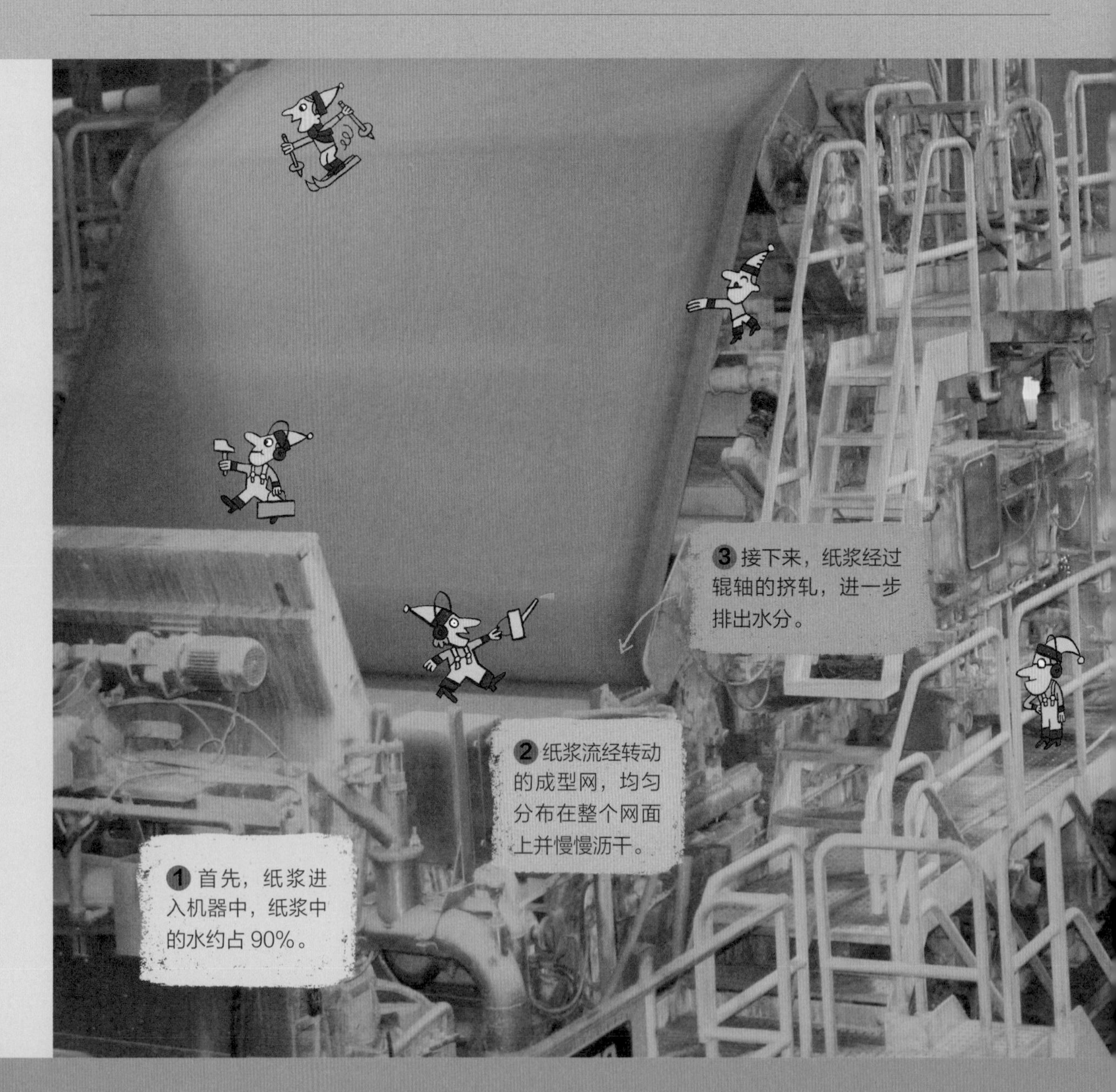

干燥室

干燥室位于这个巨大的铁门后面。在干燥室内，蒸汽加热烘缸会将纸张碾轧烘干。

你看到在这儿经过的纸张了吗？ 天哪，它竟然像床单一样宽，而且看起来长得没有尽头啊！

你知道吗

以前，为了晾干潮湿的纸张，人们只能把它们挂在绳上。

如何制作笔记本

接下来，造纸工人会为我们讲解纸张有哪些用途。那么，我们就继续在工厂里参观吧！

纸张重量显示器

1 看，这就是刚才那个机器做出来的巨型纸卷轴，它被称作母卷轴。一辆绞车吊着这卷重量超过 9 吨的纸，这可是相当于两头大象的重量呢！

母卷轴

控制卷轴的遥控器

2 大卷轴接下来被卷成多个小轴，然后被运往笔记本制作车间。你觉得这些辊轴是用来做什么的？这些图案让你想起了什么？

3 这些辊轴被固定在机器中，是用来印出笔记本里的方格子的。

4 纸张被印制并裁剪成需要的形状。

5 然后再订上封皮。

6 最后，笔记本被打包好啦。

各种类型的纸

你知道吗？每年，全世界要使用上亿吨的纸张和纸盒，其中发达国家的消耗要更大一些。

卫生卷纸

书籍

报纸、杂志

婴儿纸尿裤

纸箱

钞票

牛奶、果汁包装盒

写字和画画用纸

你知道吗

我们能够重新利用废纸

是的，废纸是可以回收利用的。但在这之前，需要先处理掉纸上的墨迹，随后废纸会被捣碎并与水搅拌。这样得到的纸浆是灰色的，可以用来制作纸盒、信纸、报纸等。几乎所有类型的纸都可以回收利用，除了使用过的纸巾和婴儿纸尿裤，以及已经被多次回收利用的纸。

木制品一览

快来看看这些木头材质的物品吧，它们都是用树干、树皮或树枝制作出来的哟！

火柴的制作

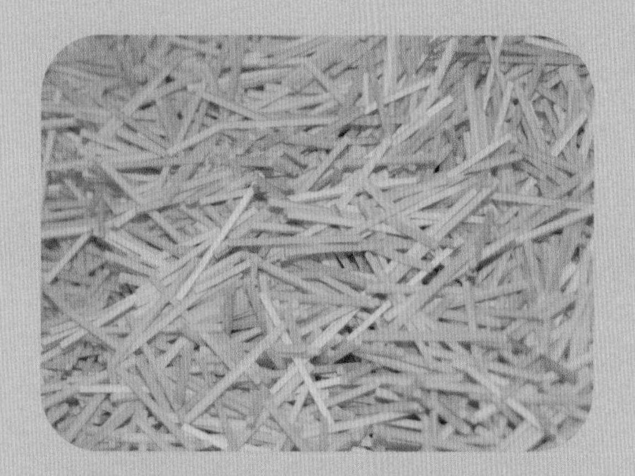

1 白杨木经过旋切，被加工成细小的木棍。

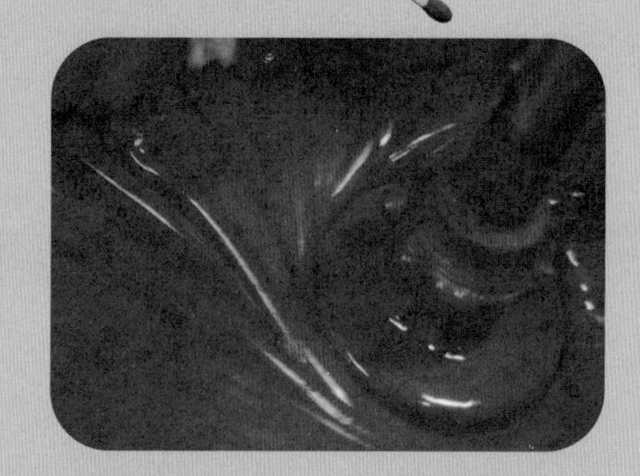

2 同时，染浆也已经准备好了。

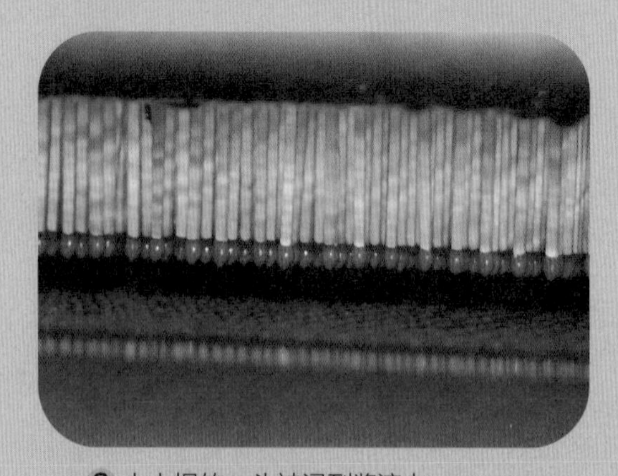

3 小木棍的一头被浸到浆液中。

4 小木棍被晾干。就这样，成千上万的火柴就做好啦！

彩色铅笔的制作工序

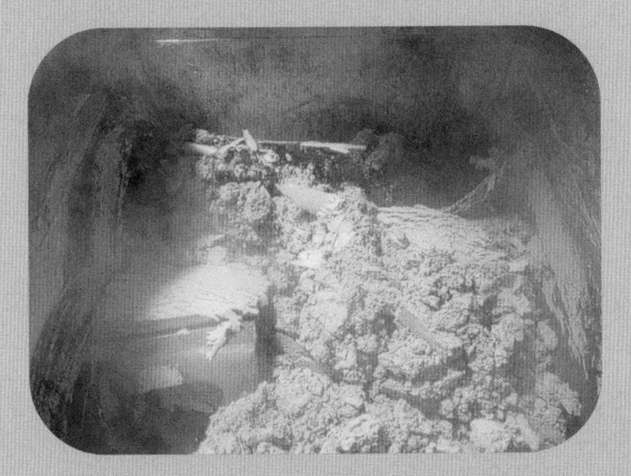

1 首先，人们要把高岭土、蜡和彩色颜料混合搅拌在一起。

2 混合物被挤压成细条状，然后被裁切至合适的长度，像做意大利面一样，之后被烘干变硬，笔芯就做好了。

3 接下来，人们在雪松木板上挖槽，然后把笔芯放在两块木板之间，就像做三明治一样哟！

4 两块木板被粘到了一起，然后同笔芯一起被挤压定型。

5 随后，铅笔会被一根根地分开、刨光。

6 最后给铅笔刷上颜色，然后再涂上漆。彩色铅笔就这样制作完成啦！

树枝制品

用柳条编的篮子
（使用柳树的枝条制作）

树皮制品

桂皮卷
（使用肉桂树的树皮制作）

软木塞
（使用栓皮栎的树皮制作）

树干制品

奶酪盒（杨木）

冰激凌木棍
（水青冈木）

装水果的木箱
（水青冈木或松木）

香水的配料
（黄檀木）

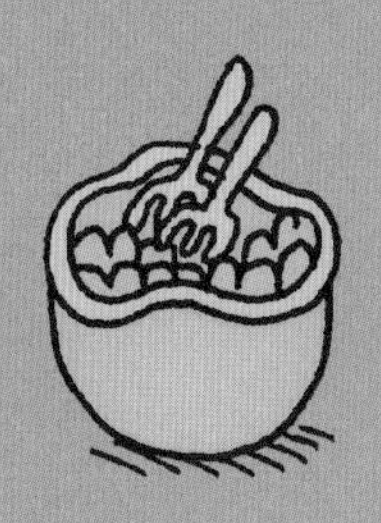

生菜碗和拌菜用的餐具
（橄榄木）

木桶（栎木）

刷子的手柄（椴木）

工具的手柄（梣木）

电线杆（松木）

码头的桩基（橡木）

铁路枕木（橡木）

滑板（黄杨木）

栅栏（松木）

保龄球（鹅耳枥木）

木头可以作为能源吗

天气开始变冷的时候，你们会在壁炉前生火取暖吗？在享受着柴火带来的温暖的同时，你是否也在思考这种能源怎样再次被利用呢？带着这个问题，我们一起去咨询安托瓦，他可是研究木材能源方面的专家。

木材是常见的能源吗？

答案是肯定的，木材在全世界范围内都被广泛地作为能源应用着。地球上的石油和天然气储量越来越少且价格昂贵，而木材的价格相对便宜，所以木材仍然会被大量使用。

木头如何产生能量呢？

木头燃烧时会产生热量。在法国的一些城市中，人们用烧木头的大锅炉来为很多公共建筑供暖，例如游泳馆、学校等。

它是如何工作的呢？

看看这组图，你们就会明白了。

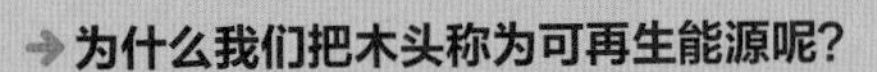

为什么我们把木头称为可再生能源呢？

那是因为树木通过种子可以再生，只要几年就可以长出新的树木来。而石油和天然气则需要上万年的时间才能形成！

你知道吗

在欧洲，人们很长一段时间里都是以木头作为燃料来取暖的。工人将木头制成木炭，这样就可以长时间保存木材了。

水冷却后重新流回管道，可以再次被加热利用

这是什么

这是一个取暖用的火盆，非洲的布基纳法索人会使用它来烹煮食物。此外，在没有电、没有燃气也没有燃油的地方，人们大多是用木头来做燃料的。

木材魔法

你们有没有经历过这样的时刻：某个清晨，你在自己的房间里听到了优美的琴声，原来是你的邻居在为他的下一场小提琴音乐会练习呢。你一定知道，小提琴也是用木头做的！可是你知道小提琴是怎么做出来的吗？我们一起去乐器制造商那儿看看吧！

你知道吗

乐器制造商通常使用槭木和云杉木来制作小提琴。

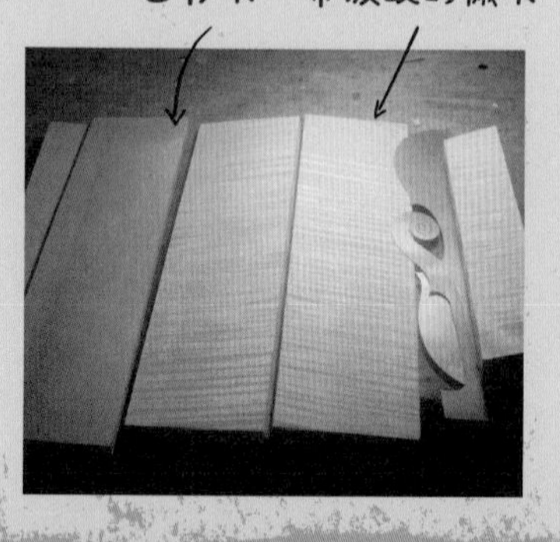

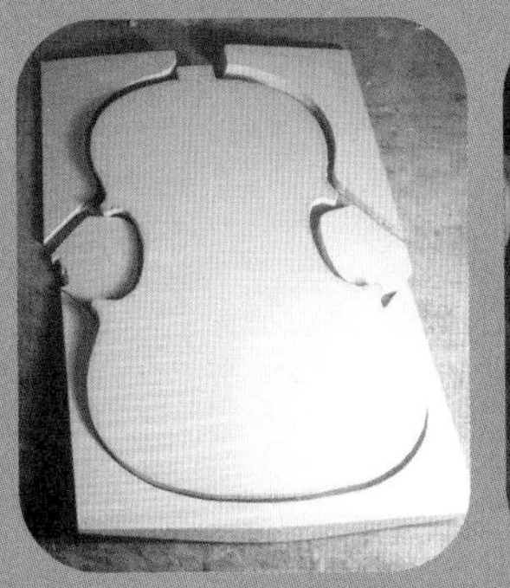

1 首先把木头锯好，然后用车刀进行加工。

2 小提琴的轮廓拼装出来了。

3 各个部分的零件也都粘好了。

这是什么

这个小短棍是什么呢

这是音柱，它可是小提琴的灵魂。乐器制造者把它固定在小提琴内部，以便琴能更好地传导振动并发声。

用巴西苏木制作的琴弓

雕刻木头

可想而知，被用于雕刻的木头多种多样：它们可以是质地柔软的木头，例如椴木；也可以是稍硬的木头，如樱桃木；或者是很硬的木头，如栎木。利用这些木头，雕刻家就可以为教堂创作雕塑，为轮船雕刻船首头像。上漆或者镀金之后，雕塑就会变得巧夺天工啦！

从史前到现代

集大地之精华的树木，坚硬，具有生命力和感染力，易于加工，还可以再生。当人类还处于蒙昧时代时，就已经开始使用木材了。那我们就来看看木材的发展史吧，它今后的故事还有待人类来继续书写。

1 大约在 25 万—3.8 万年前，尼安德特人（旧石器时代生活在欧洲、中亚及西亚的史前人类）就已经知道如何在森林中选择所需的木材：红豆杉木可以造弓箭，梣木和槭木可以做斧柄。

2 古埃及法老命人用船从远方运来稀有的木材，如雪松木等，用以制造珍贵的家具。

3 古罗马时期，森林大量被田地所取代。据说，恺撒大帝为了能够更好地从远处监视敌人，命人砍掉了许多树木！

4 到了中世纪，贵族是其领地内森林的主人。森林为贵族所有，当然贵族也重视保护森林。他们允许农民到森林中拾捡枯柴，还可以在树下放牧。

5 中世纪时期，人们已经开始大量使用木材来建造房屋。手工艺人用木材来制造家具、犁、双轮车、船等。实际上，这一时期几乎所有的东西都是木制的！

6 中世纪的传教士们拥有大量的林地。他们开垦森林获得耕地和饲养牲畜，同时也在努力寻求栽培树木的方法。

7 17—18 世纪，大量的树木被用来造船。要知道，仅仅为了建一艘战舰，就需要约 300 棵栎树呢！树木被视为珍贵的财产，被严格看守着。

8 直到 19 世纪时，原木通过水路运送到城市。木材的用途变得更为广泛：人们用它来建造房屋、取暖、烹煮食物以及带动机器运转等。

木材作为能源的消耗比例

约 90%

发展中国家

约 10%

发达工业国家

木材作为建造房屋、制造家具及纸张的材料的消耗比例

约 30%

发展中国家

约 70%

发达工业国家

9 从 19 世纪开始，木材在欧洲的能源地位逐渐被取代，人们开始使用燃气、石油和电来取暖和烹煮食物。历史发展到今天，以前建造桥梁、房屋，制造日常用品所用的木材已经大量被金属、玻璃和塑料等材料所取代。在法国，木材至今仍被用来制造纸张和家具，但人们对森林的管理更加完善了，现在法国的森林覆盖面积已经接近中世纪时期了！

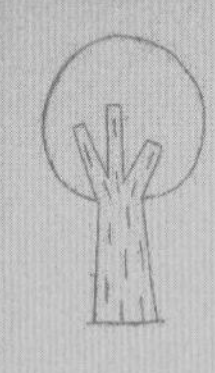

信不信由你

白蚁管

从前，澳大利亚的土著以一种奇特的方法来制作笛子。他们取下一段桉树枝，把它放在白蚁洞上。树枝的内部会被白蚁吃光，他们再去掉树皮，雕刻一些喜欢的图案，然后，就可以吹奏啦。这种笛子被称为迪吉里杜管。

伐木工讲述的一个令人难以置信的故事

有一年秋天，当我正准备伐掉一棵冷杉的时候，锯条碰到某种东西突然停住了。这会是什么呢？嘿，是一瓶酒！原来，在很久以前，某个人把这瓶酒放进这棵树的树洞里，树慢慢长大，就把这瓶酒完全包裹在自己的身体里了！瞧它多“贪婪”呀！

古树名木

人们尽力保护着地球上那些漂亮而古老的树木。我们把它们称为“古树名木”。非洲有一种猴面包树，有些已经有 5000 岁“高龄”了！它们在古埃及的法老时期就已经开始发芽了哟！

树中的“巨人”

美国有一种个子非常高的树，叫巨杉，可以长到 100 多米，有 30 层楼那么高！

哪种树需要的水量最多呢

树木可是地球上体积庞大的生物，它们在土地中汲取养分和水分。其中的一些会经常“口渴”，而另一些却只要“喝”一点水就够了。

桦树每天需要约 60 升水

栎树每天需要约 22 升水

冷杉每天需要约 7 升水